AF465671

MONUMENS, SOUVENIRS,

MŒURS

DE L'ESPAGNE.

FRAGMENT D'UN VOYAGE INSÉRÉ DANS LA REVUE FRANÇAISE.

(Novembre 1829.)

PARIS,
IMPRIMERIE DE H. FOURNIER,
RUE DE SEINE, N° 14.

1829.

MONUMÈNS, SOUVENIRS,

MOEURS

DE L'ESPAGNE.

Fragment d'un Voyage inséré dans la *Revue française*.

(Novembre 1829.)

Les révolutions politiques étaient autrefois l'ouvrage du temps; un changement en amenait un autre, par une gradation insensible, à l'insu des gouvernans et des gouvernés. Les contemporains s'apercevaient à peine qu'il y eût quelque chose de dérangé; tout établissement durait au moins âge d'homme; aussi voyons-nous dans l'histoire plusieurs époques se suivre comme à la file, semblables de physionomie et d'allure, portant toutes un air de famille. Dans l'embarras très-réel de les classer et de trouver quelques différences entre elles, les écrivains de la vieille école se sont attachés aux individus : de là, cette occupation exclusive des faits et gestes d'un prince, d'une dynastie, d'une maison, cet abaissement de l'histoire à la biographie. La France de Louis XIV n'a jamais réclamé contre une manière d'écrire qui répondait à toutes ses impressions. Le dernier siècle s'en est étonné, et le nôtre a protesté vivement. L'importance des hommes, couronnés ou non, avait diminué dès le dix-huitième siècle; les choses commençaient à s'emparer du monde; leur règne a été brusquement interrompu par *un homme;* sa chute par cela même ne s'est guère fait attendre. Habitués aux idées générales, nous avons cru devoir y ramener les temps qui ont précédé celui où nous vivons; une nouvelle carrière s'est ouverte devant les historiens; quelques-uns l'ont parcourue avec le plus grand succès. Je n'ai pas besoin de rappeler leurs noms; ils viendront facilement à la mémoire du lecteur. Cependant, malgré ce nouveau mouvement imprimé à l'histoire, malgré l'heureuse application des principes modernes à quelques évènemens partiels, les masses historiques résisteront peut-être à cette réforme; on ne parviendra pas entièrement à généraliser le passé, j'allais dire à le formuler. Les conséquences qu'on a tirées de tel ou tel fait n'ont pas toujours été bien rigoureuses; justes par un côté, elles ont souvent manqué par un autre. Les maîtres de l'art ont surmonté la difficulté; mais les écoliers ont eu beau la tourner, il leur a fallu revenir aux personnages du drame; il a fallu remettre sur le premier plan les êtres vivans, les guerriers, les rois, les ministres, la cour et ses cordons, les cardinaux et leurs barrettes, les robes rouges des parlemens, les robes noires des Jésuites. C'est qu'en effet tout cela a gouverné l'Europe, telle qu'elle existait alors; c'est qu'au lieu de nations il n'y avait que des États; c'est enfin que les révolutions, loin d'être brusques, rapides, ostensibles, se sont glissées dans le monde par adresse et par savoir-faire. La féodalité elle-même, cette citadelle du moyen âge, ne s'est pas écroulée à grand bruit; elle a été démolie doucement, pierre par pierre, presque nuit close. Il est difficile de peindre ces évènemens sans le secours de l'imagination; on est obligé de beaucoup deviner; les conjectures parviennent seules à déguiser les lacunes. Il y a, dans la réalité, du vague, de l'incertitude, peu de couleurs, trop de nuances. Les élémens d'un principe sont souvent éparpillés dans les siècles; il s'agit de les retrouver, d'en ressaisir les débris, et de les lier par un fil plus ou moins artificiel;

c'est à ce prix qu'on obtient l'apparence d'un ensemble; encore cette apparence est-elle quelquefois décevante.

Les masses végétaient donc pour leur propre compte, et ne s'animaient qu'à l'aide d'une impulsion supérieure; elles demeuraient témoins ou devenaient instrumens; l'action politique était alors un droit féodal; les châteaux, les palais, en conservaient le monopole; le peuple n'y prenait part qu'à titre de corvée. Il s'est donné depuis une formidable revanche.

Des puissances nouvelles se sont élevées; d'anciennes dynasties ont tellement changé de visage que nul de leurs fondateurs, revenu au monde, ne pourrait les reconnaître; les unes n'ont jamais eu de passé européen, les autres oublient le leur ou y renoncent; la guerre de trente ans présente le premier exemple de cette opinion publique qui change les trônes: le protestantisme a fait la Suède. Sans influence jusqu'alors, cette puissance s'est placée tout à coup au premier rang; dans ce siècle de courtisans parvenus, elle a prouvé qu'une nation pouvait parvenir à son tour; l'esprit du temps l'avait grandie; dès qu'il eut pris une autre direction, la Suède rentra dans l'ombre; ce fait, alors isolé, épisodique, et par conséquent sans autorité, n'a pas été perdu depuis. *Mens agitat molem*. L'esprit invisible qui plane sur le monde a contraint l'Angleterre à émanciper les catholiques d'Irlande; il a transformé la France guerrière et turbulente en amie d'un repos fondé sur la stricte observation des lois. Je ne parle pas de la plus étonnante de ses métamorphoses; je ne parle pas d'un sultan qui veut, dit-on, civiliser son peuple; que cette lubie cause sa perte ou consolide sa puissance, elle n'en prouve pas moins le bouleversement total des systèmes de la vieille Europe.

L'Espagne à son tour s'est aussi émue un moment; elle s'est sentie des velléités de réforme, et les a prises pour une vocation véritable. Son erreur a peu duré ; au premier obstacle, venu du dehors, elle s'est de nouveau cantonnée dans son naturel stationnaire. Ce pays est jugé très-diversement, il n'est pas connu, tout le monde en convient; mais chacun part de cet axiome pour l'interpréter au gré de ses affections, ou de ses haines : j'en parlerai avec impartialité. Je ne me charge pas de développer sa politique actuelle, sa législation administrative et civile; d'autres l'ont déjà fait; d'ailleurs c'est le fruit d'une longue étude; je me bornerai à rassembler les impressions d'un séjour de quatre mois [1] passés, tant à Madrid que dans les provinces, au milieu de toutes les classes de la société, et dans l'entretien des gens distingués du pays.

L'Espagne, telle que les journaux nous l'ont faite, diffère en beaucoup de points de l'Espagne réelle; je n'aurai pas la hardiesse de prononcer entre ce que j'y ai vu et ce que je lis tous les jours ailleurs; je me chargerai encore moins de faire concorder ces deux témoignages. Ce pays, dit-on, brûle de s'affranchir. Tout homme impartial se demandera si la liberté est possible là où il n'y a point de sécurité; les rapports journaliers entre les diverses provinces et les divers ordres d'un État, l'échange des idées par les livres, par les feuilles publiques, peuvent-ils s'établir dans une contrée infestée de voleurs, privée de chemins praticables et de moyens de transport? La route de Madrid à Bayonne, créée pour les besoins de la diplomatie bien plus que pour l'industrie et le commerce, est assurément l'une des plus belles de l'Europe; mais les relais de poste, si exactement établis dans cette direction, n'existent dans aucune autre. De Madrid à Barcelonne par Valence, à Cadix par Séville, on a la ressource de la diligence; ce

1. De la fin de février au commencement de juin 1829.

moyen, facile et peu dispendieux chez nous, est très-long et très-cher en Espagne. De Cadix à Grenade, de Grenade à Madrid, aucune communication; la route est indiquée, sera-t-elle jamais finie? y a-t-il moyen de songer à une émancipation politique, quand on ne peut communiquer d'un point à un autre qu'à force de peines, de temps, de dépenses et de dangers? ajoutez-y une paresse mentale qui empêchera toujours certains peuples de lire des dissertations quotidiennes, de pérorer dans des clubs, ou d'écouter les orateurs d'un parlement. On m'objectera la révolution des cortès. Qui l'a voulue? Le peuple y a-t-il pris une part sincère? quelles traces a-t-elle laissées? d'ailleurs l'abus que nos voisins ont fait de la liberté légale ne prouve-t-il pas qu'ils en avaient peu l'intelligence? La force de notre pacte à nous est dans l'assentiment presque unanime de la nation. Quelques individus repoussent la Charte, la masse l'aime d'instinct, et se porterait aux dernières extrémités pour la défendre. Les nombres gouvernent le monde: l'immense majorité des suffrages est l'arc-boutant de nos libertés; cette majorité a manqué aux institutions importées dans la Péninsule; deux pouvoirs y planent sur tout le reste, et l'écrasent quand ils sont d'accord; ces deux pouvoirs sont le roi et le peuple. Oui, le peuple.... il y règne, et bien autrement que dans une république. Toute action dans un pays policé s'éclipse devant celle des lumières; c'est à la civilisation que l'aristocratie et les rangs intermédiaires doivent leur influence. Quand la politique est de raisonnement, de sens commun, plus que de passion et d'effervescence, le peuple proprement dit n'exerce aucune autorité; il n'a point de tribuns à lui, il délègue ses pouvoirs aux défenseurs que lui fournit une classe supérieure à la sienne. En Espagne, la haute aristocratie est complètement nulle, le tiers-état peu influent, on n'y connaît pas la suzeraineté de l'industrie sur une multitude de prolétaires qu'elle nourrit. Ces prolétaires, supérieurs aux castes riches et aisées, par l'indépendance que leur donnent la sobriété et l'absence de besoins, le sont encore plus parce qu'ils ont des chefs, des tribuns à double emploi, qui savent parler et agir, remuer les consciences et diriger des insurrections. Les prêtres, les moines surtout, sont à la tête d'un peuple qui mange leur pain et leur soupe à la porte des monastères. Tous ou presque tous sont tirés du sein de la plèbe; la grande noblesse ne fournit presque rien à l'église; les évêques, les archevêques, les chefs d'ordre partent de très-bas pour s'élever au faîte : aussi le pauvre voit-il en eux ses conseils, ses juges, ses défenseurs naturels. Ailleurs, le clergé est un meuble de la couronne, un enfant gâté du privilége; ici il n'est point l'allié de l'aristocratie, c'est le chef du bas peuple. Le même phénomène se présente en Irlande : nos journaux, en général si opposés au catholicisme, ont été forcés par l'évidence à défendre la cause populaire dans celle des catholiques d'Irlande. Chez nous, une partie considérable du clergé et une légère fraction de la noblesse de province, voit la constitution avec peine, le reste l'accueille et la soutient. C'est le contraire en Espagne : la minorité la souhaite, la majorité la repousse, et le pouvoir s'unit à la majorité. Qui peut résister à cette ligue ? quelle serait la force de nos institutions si le pouvoir, d'accord avec le vœu public, se déclarait en leur faveur!

Encore une différence entre l'Espagne et ses voisins : la soif de l'égalité qui dévore d'autres peuples n'a jamais tourmenté un Espagnol. Un hidalgo de Burgos ou de Valladolid disait un jour à ses vassaux : « Le roi est « presque aussi ancien que moi ; mais à tout prendre je « vaux mieux, parce qu'il n'est qu'un gentilhomme fran- « çais. » Que prouve cette boutade ? rien, si ce n'est le mépris de l'Espagne pour tout ce qui n'est pas elle. Ce même hidalgo ne fera aucune difficulté de se prosterner, *au baise-main*, devant la famille de ses maîtres, depuis le souverain lui-même jusqu'au dernier des Infans. Bussi prétendait naïvement qu'il cédait à Montmorency pour les honneurs, mais non certes pour la naissance; voilà un sentiment tout-à-fait espagnol. Des provinces entières sont nobles d'ancienne date; personne n'avoue sa propre infériorité. Un niveleur est avant tout un être essentiellement vain; or, un Espagnol a trop d'orgueil pour avoir de la vanité. Tout Castillan croit venir de la cour agreste du roi Pélage. Le plus fier des grands ne saurait remonter plus haut; peut-être même a-t-il du sang maure, portugais, français ou juif? Qu'y a-t-il à lui envier? rien du tout; bien au contraire.

Liberté impraticable et peu désirée, amour de l'égalité presque inconnu, comment comparer l'Espagne aux autres pays? comment luï inoculer nos idées, nos besoins, nos usages? A quand le succès de ce grand ouvrage? une ressemblance quelconque s'établira-t-elle jamais entre les mœurs des deux peuples? il n'y en a encore aucune. Les rapports mutuels des hommes éclairés, le mouvement des idées, la liberté de la pensée, de la parole, de la presse, voilà notre existence. Nous ne pourrions nous faire, fût-ce pour un instant, au mutisme politique de l'Espagne. Il est naturel à ce pays; il résulte de son histoire, de sa situation géographique, même de son climat. Dans ses institutions, le génie de l'Orient se mêle au génie du moyen âge. Le souverain est absolu comme un despote d'Asie; toute grandeur qui n'émane pas immédiatement de sa volonté lui déplaît; la noblesse du sang lui est presque odieuse; il dédaigne, il repousse les grands, et remet souvent les rênes de l'État aux mains d'un valet favori. Il règne au nom de la religion; cependant la vie des hommes lui semble parfois d'une valeur médiocre; le peuple n'en est pas étonné, car lui aussi la compte pour peu de chose : il se dévoue à la mort par patriotisme ou la donne dans un accès de jalousie. J'ai été témoin d'une exécution ; il y avait peu de monde ; la physionomie des assistans décelait plus d'indifférence que de curiosité : voilà l'Orient.

Maintenant voici le moyen âge. Les grands, si rebutés à la cour, possèdent les trois quarts du royaume ; souvent une province relève de tel duc ou de tel comte. Je demandais à la duchesse de Ben****, s'il existait, dans toutes les Espagnes, un royaume où elle n'eût pas de terres ; elle chercha un peu, et me répondit, après avoir réfléchi : «Je ne crois pas en avoir dans la Galice.» Je sais que par suite des guerres, le revenu de ces immenses domaines est fort diminué ; que la présence des grands à Madrid leur interdit toute influence locale. Mais les contrées entières ne leur en appartiennent pas moins ; elles n'en dépérissent pas moins, faute de division dans le travail. Si les seigneurs n'y exercent pas d'influence, personne n'en a à leur place ; la concentration des grands fiefs entre les mains de la haute noblesse est si bien dans les mœurs de l'Espagne, qu'il lui serait impossible de concevoir un autre régime. Je puis en citer un exemple tout récent. Un grand, criblé de dettes, avait obtenu du roi la permission d'aliéner une partie de ses majorats ; cette faveur lui devint complètement inutile : la vente intégrale ou partielle d'un majorat est tellement hors de toutes les idées que personne ne voulut acheter des biens du duc de ****. Personne ne crût à la validité d'un marché aussi insolite. Les institutions du moyen âge se retrouvent encore dans le maintien des priviléges de quelques villes, de quelques provinces. Il y a, çà et là, une ombre d'antiques franchises, de libertés municipales. Ainsi, la Navarre est toujours demeurée pays d'États ; le duc d'Albe en est président, chancelier et connétable par droit de naissance. Les provinces Vascongades ont des douanes particulières qui prélèvent des droits sur les marchandises du reste de l'Espagne. Toutes ces législations si locales, si diverses, n'ont nul rapport avec l'uniformité de nos lois; aussi est-il impossible d'appliquer à ce pays aucun des principes qui ont amené le bien-être actuel de la France. En général on se charge trop de l'éducation de l'Espagne; on s'occupe trop de la corriger. Hélas! elle est incorrigible: laissons-la pour ce qu'elle est; ne perdons pas notre temps et notre argent; ne nous mêlons pas de ses affaires.

Mais, dit-on, elle n'a pas d'industrie, et avant tout il faut de l'industrie. Elle en a dans certaines provinces; d'autres n'en auront jamais; l'agriculture même ne saurait y prospérer; le Manchego asphyxié par le soleil labourera toujours ses plaines avec négligence, quand même elles seraient moins étendues et moins rebelles à la culture.—Mais le travail amènerait la moralité; si l'Espagne était moins oisive, on n'entendrait jamais parler de voitures dévalisées.—Le Valencien travaille avec ardeur; il ne laisse pas un coin sans culture, et force le sol à enfanter trois fois dans l'année; cependant où il y a-t-il plus de vols et d'assassinats qu'aux environs de Valence? Ce pays est donc inexplicable; il l'est, en effet; je le répète encore, il est surtout *incorrigible.* M. Rubichon l'en féliciterait de tout son cœur; l'absence d'un peu d'industrie ou de science est bien compensée, dirait-il, par une héroïque valeur, un ardent patriotisme, une foi vive, une constance à toute épreuve, une sobriété presque fabuleuse. Quel peuple a déployé plus de patriotisme et de noblesse d'ame? Ses qualités sont d'autant plus admirables qu'elles ne se concentrent pas dans une seule classe, peut-être même est-ce en descendant jusqu'aux dernières qu'on les trouvera dans toute leur pureté. D'autres, moins prévenus, opposeront à ces éloges les défauts qui ont si souvent révolté les étrangers; le penchant à la férocité, la facilité à répandre du sang, la superstition fanatique, l'orgueil vide et stérile qui repousse les lumières comme une insulte; tel sera l'acte d'accusation de l'homme grave. Le frondeur un peu frivole reprochera à l'Espagne l'intolérable ennui qu'on y éprouve; point de société, point de plaisirs, ou du moins point de plaisirs qu'on puisse goûter en société; une volupté effrénée, mais retirée, mais secrète, mais triste et sévère jusque dans ses emportemens. Il y a du vrai dans ces divers tableaux. Quoi qu'il en soit, l'Espagne ne prendra les mœurs de personne, et imposera les siennes à tous ceux qui viendront l'habiter ou régner sur elle. Retrouve-t-on dans Philippe II, et dans sa race, le laisser-aller de Maximilien, la fatuité de Philippe-le-Beau, l'humeur voyageuse, la magnificence de Charles-Quint?.. Et Philippe V? N'a-t-il pas été élevé à Versailles au milieu des prestiges de la cour de Louis XIV? Ne s'est-il pas rendu cent fois à Marly, à Fontainebleau, suivi d'une troupe de jeunes gens, de femmes charmantes, de poètes complimenteurs? N'a-t-il pas passé son adolescence en fêtes nocturnes, en spectacles, en bals masqués, en brillans carrousels? D'où vient cependant qu'il s'enferme dans sa chambre, des jours, des semaines, des mois entiers? D'où vient que chassé du trône par une bile noire, il cherche la volupté dans la vie monotone d'un cloître? Entrons à Sainte-Ildephonse: ce spectre mal vêtu, mal peigné, étendu dans un immense fauteuil, c'est Philippe V; l'horloge a sonné six fois de suite depuis que Farinelli lui chante quatre ariettes, toujours les mêmes. Je pourrais citer un autre exemple plus récent encore, mais d'une date tellement fraîche que je me borne à l'indiquer. Une princesse, élevée dans une cour riante, a étonné les Espagnols par l'excès de ses austérités. Ce magnétisme d'ennui ne s'arrête pas au pied du trône; il s'étend sur les plus humbles particuliers. L'artisan établi à Madrid devient Madrilègne; les plaisirs bruyans l'importunent; la gaieté lui est à charge; il prend quelque chose de roide, de sérieux, de triste, et refuse son intérêt à tous les évènemens extérieurs. D'où peut naître une si bizarre apathie? Si vous le demandez, vous n'avez donc pas vu l'Espagne; vous n'avez pas vu, sur un sol crayeux et blafard, cette réverbération du soleil qui éblouit et aveugle; vous n'avez pas senti cette chaleur pénétrante contre laquelle il n'y a point de refuge; on ferme les volets; on se jette sur un lit, mais ce lit est brûlant, le sommeil y est impossible, la nuit vient; mêmes souffrances, pas plus de sommeil que le jour. Comment, après toutes ces épreuves, rassembler des idées ou se livrer à un travail quelconque? la machine humaine s'affaisse; elle cède a une prostration de forces, à la fois physique et morale.

Les effets du climat seront toujours sensibles dans les agrégations d'hommes; et ce n'est pas à tort que Montesquieu en a fait une des sources du bonheur ou du malaise des nations. Cette cause, j'en suis convaincu, s'opposera toujours à l'éducation complète de la Péninsule. Je crois, en même temps, qu'elle ne saurait dominer une intelligence supérieure. Le chaud ou le froid ne brident point la raison de l'historien ou la phantaisie du poète. Les annales littéraires de l'Espagne le démontrent à chaque page. De nos jours, sauf Martinez de la Rosa, la poésie n'a rien produit de très-remarquable; mais l'histoire est cultivée avec beaucoup de soin. S'il y a de l'ignorance en Espagne, elle ne porte pas sur l'histoire nationale; en cela comme en d'autres choses, moins favorables aux Espagnols, le contraste avec la France est frappant. Nos paysans ne savent sûrement pas un mot des règnes de Louis XII, de François Ier ou de Louis XIV. La Ligue et la Fronde leur sont aussi parfaitement inconnues que la guerre punique ou celle du Péloponnèse.

Il n'en est pas ainsi du dernier des Espagnols : il sait à merveille l'invasion des Maures, leur puissance, l'éclat de leur domination, Cordoue long-temps florissante, Grenade enfin reconquise, Ferdinand et Isabelle, Charles-Quint, chef de l'empire d'Allemagne, Philippe II, fondateur de l'Escurial. Les hommes studieux de Madrid, et des provinces, peu occupés des évènemens du dehors, sont parfaitement instruits des affaires de leur pays. Je n'ai pas besoin de citer Don Andrés Muriél ; il habite Paris depuis long-temps ; l'instruction profonde et variée qui le distingue est généralement appréciée parmi nous ; M. Navarrete, dont M. Washington Irving a parlé avec éloge dans la préface de son *Histoire de Christophe Colomb*, M. Navarrete est une bibliothèque vivante pour tout ce qui regarde son pays ; on pourrait dire, avec une exagération un peu castillane, que si les archives de Simancas venaient à se perdre, elles se retrouveraient dans la tête de ce savant [1]. Soutenu par de pareils guides, un homme de talent et de patience viendrait à bout d'une bonne histoire de la Péninsule ; mais à une condition sans laquelle ce travail devient impossible : c'est de savoir à fond l'idiome national, et de se fixer en Espagne pendant quelques années, effort plus difficile que d'en apprendre la langue. Avant d'écrire une ligne sur les Espagnols, il faut se placer au milieu d'eux, non pas à Madrid, capitale bâtarde, mais à Grenade, à Séville, à Valladolid, à Tolède ; il faut les surprendre dans leur vie privée, respirer l'air qu'ils respirent, s'identifier avec leurs goûts, entrer dans leurs préjugés, non par un sacrifice de la raison, mais par un instinct d'artiste. Cette

1. J'ajouterai à ces noms ceux de M. Minano, de M. Clémencin, auteur d'un *Éloge d'Isabelle-la-Catholique*, de MM. Joshé Gomez de La Cortina, et Nicolas Hugaldé y Mollinedo, qui ont ajouté à l'ouvrage de Bouterveck, sur la littérature espagnole, des notes et une foule de renseignemens nouveaux. Madrid, t. I. 1829.

étude achevée, il est temps de recourir aux sources [1]; elles sont très-abondantes; l'Espagne s'est beaucoup admirée; elle s'est *recueillie dans sa beauté* [2], et a consacré de nombreux volumes à ses propres louanges. Les bibliothèques des couvens sont encombrées de chroniques. On pourrait les ramener presque toutes à deux divisions principales, 1° chroniques des rois, des ministres, des généraux d'armées, enfin des personnages illustres; 2° chroniques des provinces, des villes, des monastères. Beaucoup ont été réimprimées, surtout dans la première catégorie; les plus célèbres sont la chronique des rois catholiques (Ferdinand et Isabelle), par Hernando del Pulgar, et celle de Pierre-le-Cruel. Cette dernière fait partie d'une collection complète réimprimée par l'Académie de Madrid; il y a un volume pour chaque roi. *La Coronica del rey D. Pedro el Justiciero* est d'Ayala, contemporain de ce Prince si diversement jugé; elle est remplie d'intérêt; au dialogue près, c'est un drame comme le Richard III de Shakspeare : l'exposition, le nœud, le dénouement sont formés par le caractère même du protagoniste. L'historien nous montre D. Pedro poussé, par l'excès du malheur, jusqu'aux dernières limites de la rage. Je ne m'y arrêterai pas : un journal, la *Revue de Paris*, en a donné une analyse détaillée: elle ne doit pas être inconnue à mes lecteurs. Ils n'ont probablement jamais entendu parler de la chronique de Guadalaxara, ville de la Castille nouvelle, située à douze lieues de Madrid, et célèbre par ses manufactures de draps, qui n'existent plus maintenant, sort assez ordinaire aux manufactures d'Espagne. J'ai choisi cette *chronique* parce qu'elle rappelle une époque douloureuse, mais intéres-

1. C'est ainsi que M. Washington Irving, que j'ai eu le plaisir de voir souvent à Séville, a écrit sa *Vie de Christophe Colomb* et son dernier ouvrage sur la Conquête de Grenade.

2. Expression de madame de Sévigné.

sante pour la France: la captivité de François Ier. Elle donnera, en même temps, une idée de la manière dont les anciens écrivains espagnols entendaient ce genre d'ouvrages; ils n'ont pas la naïveté de nos Froissard, de nos Joinville; leur style a au contraire de la pompe, de l'emphase, reflet du caractère national.

Histoire ecclésiastique et séculière de la très-noble et très-loyale cité de Guadalaxara, par don Alonzo Nunez, chroniqueur général de Sa Majesté, en ses royaumes: tel est le titre complet du livre: le mot *ecclésiastique* se détache sur le frontispice en immenses lettres rouges.

La division des matières correspond parfaitement à l'énoncé du sujet. Après quelques considérations sur l'origine de la ville, le chroniqueur général de Sa Majesté nous apprend comment la religion chrétienne a été apportée à Guadalaxara. Saint Jacques, et peu après saint Pierre et saint Paul y ont prêché la foi à leur retour de Madrid. L'auteur avoue que ce dernier voyage n'a pas laissé d'être contesté, mais il détruit toutes les objections par les plus illustres témoignages. Frère Geronimo Roman, frère Jean Pineda, les docteurs Madera, Salazar, Carillo et Ribadaneira, ne permettent pas d'en douter.

Suivent de longues protestations sur la pureté de la foi de Guadalaxara, tant sous la domination des Romains et des Goths qu'avant et après l'établissement de l'inquisition. Le *coronista real* plaide sa cause avec la dernière chaleur, et la défend comme un intérêt privé, direct, personnel. Son honneur serait souillé par la présence d'un seul hérétique dans sa ville natale; il avoue cependant, mais avec douleur, qu'il y en a eu quelques-uns par ci par là; on a bien trouvé des relaps parmi les Hébreux, race nuisible à la chrétienté, mais on a pris un soin extrême de les détruire; on les a brûlés, il en est échappé fort peu, presque personne, Dieu merci! L'auteur respire, voilà sa réputation à l'abri des médisances.

Avec quelle complaisance il énumère ensuite les bénéfices que la ville peut donner, les places de chapelains qui sont à sa disposition! rien n'est oublié: pas un couvent d'hommes ou de femmes, pas une paroisse, pas une collégiale, pas une chapelle; tout est à sa place. Ce sujet tient deux grands chapitres. La section suivante est intitulée: *Des Martyrs, des confesseurs et des vierges qui ont fleuri à Guadalaxara.*

Les chefs de l'école du dix-huitième siècle auraient souri de pitié en jetant les yeux sur ce gros volume; leurs élèves l'auraient repoussé avec colère. Notre génération, formée aux couleurs locales par l'élite de ses historiens, sourira peut-être à son tour, mais ne se mettra pas en frais d'indignation. Il y a, dans tout cela, beaucoup de simplicité, de bonne foi; les notions historiques ne sont pas vraies en elles-mêmes, mais elles prennent un caractère de vérité par la franchise avec laquelle elles sont présentées. D'ailleurs, le fait le plus apocryphe est appuyé de recherches réellement savantes; c'est là en général le caractère des livres d'histoire écrits par des corps religieux; j'en excepte toutefois les Jésuites, je ne les accuserai jamais d'un excès de naïveté.

Nous sommes parvenus à la seconde moitié du livre; la légende finit, l'histoire commence.

Passons une série d'évènemens historiques, moins intéressans pour nous, et venons vite au voyage de François Ier, après la bataille de Pavie. Triste dans son objet, ce voyage fut égayé par des fêtes. Le monarque prisonnier devait être peu disposé à goûter de bruyans plaisirs; mais toujours courtois, il ne se contentait pas d'assister aux bals qu'on lui donnait; il y prenait une part active, témoin son aventure de Valence. Un vieux gentilhomme venait de lui présenter ses deux filles; le roi les pria à danser. Patriotes jusqu'au fanatisme, ou plutôt médiocrement polies, elles refusèrent net, et tournèrent le dos au roi. Furieux de cette impertinence, leur père les prit par les cheveux, et les entraîna hors de la salle. Depuis cette aventure, les armes des comtes de Casal ont pour support deux figures de femmes, dont la chevelure en désordre est soutenue par une main vigoureuse. Je les ai vues à Valence, assez grossièrement sculptées, sur la façade d'une belle maison.

François Ier n'essuya rien de semblable chez don Diego de Mendoça, duc de l'Infantado. Ce noble seigneur déploya, pour lui faire honneur, autant de faste que s'il eût reçu Charles-Quint lui-même. Tel est le caractère de l'Espagnol; sa vengeance n'a rien de bas; s'il aime à humilier un ennemi vaincu, c'est en redoublant de courtoisie. Ses mœurs sont souvent féroces, rarement ignobles. Cette observation s'applique à tous les ordres de la société; la ligne qui les sépare y est moins marquée que partout ailleurs; aussi jamais peuple ne fut si peuple, mais jamais peuple ne fut moins populace.

Le duc de l'Infantado, rongé de goutte, ne put aller lui-même au-devant du roi; il se fit remplacer par son fils, le comte de Saldagne, par ses frères, ses parens, ses amis, accompagnés d'une foule de cavaliers, de gentilshommes, de pages, de livrées brillantes. Le cortège était si nombreux qu'à l'arrivée du roi dans la ville, les premières trompettes entraient déjà dans la cour du palais, tandis que les dernières n'avaient pas encore quitté les faubourgs. Le roi descendit *au Patio* (cour intérieure); don Diego ne se sentit pas en état de faire quelques pas à sa rencontre, il se contenta de paraître à la porte de son appartement, soutenu par des pages.

Le roi était debout et le duc assis. Cette remarque de la chronique fait soupçonner qu'il y avait une ruse orgueilleuse dans l'infirmité du Castillan.

Il se hâta d'introduire son hôte dans la salle dite des *Lignages ;* on y voyait le long des murs les gonfanons, les devises, les armoiries des principales maisons d'Espagne; l'éclat des marbres, de l'or, les costumes d'une foule immense qui remplissait la salle, éblouirent François Ier. Le possesseur de Fontainebleau, le premier roi de France qui ait su tenir une cour, demeura immobile à la vue des richesses d'un *excelentisimo senor duque de l'Infantado ;* il n'avait jamais été à pareille fête, tout cela était nouveau pour lui; il en fut stupéfait, comme un franc provincial.

François était l'homme le plus poli de son royaume; il ne se contenta pas de témoigner une admiration excessive, il demanda avec instance des renseignemens sur les belles armoiries qu'on étalait à ses yeux. « Sire, répondit le duc, je vais tâcher de satisfaire la curiosité de Votre Majesté, seulement je la supplie de croire qu'il n'y a point de prééminence entre nos familles; aucune n'a le pas sur l'autre, elles sont toutes égales en droits, mais cela n'empêche pas chacune de se croire la première de toutes. » Ici l'historien embouche la trompette héroïque, il consacre à chaque maison une octave taillée sur le patron de l'Arioste et du Tasse. Les Pimentel, les Tolède, les Lacerda, les Mendoça, sont élevés jusqu'au troisième ciel, et ce n'est pas sans attendrissement qu'on trouve au milieu de ces noms antiques, le nom bien plus glorieux, mais si moderne des Colon (Colomb). « Vous « voyez, dit le poète, deux lions et deux châteaux dans « ces nobles armoiries; tels que des alcions, ils planent « sur l'Océan : la race des Colomb, issue de barons « génois, a fait le tour des mers; qui ignore combien « ce nom a été utile au monde? » Un homme tel que

Colomb aurait trouvé, partout et dans tous les temps, des statues, des sonnets et des éloges académiques ; mais cette agrégation spontanée dans la plus haute noblesse, honore à la fois l'aristocratie de cette nation et l'esprit de ce beau siècle. La supposition de la descendance d'une ancienne famille génoise (*de Genoua varones*) est bien une petite porte de derrière ouverte à la vanité ; mais comme personne n'a pu en être la dupe, Colomb n'en est pas moins franchement reconnu, par les plus grands du royaume, égal à eux sous tous les rapports, uniquement en vertu de sa renommée. La découverte de l'Amérique est publiquement assimilée à la longue transmission du sang illustre ; voilà ce qui paraîtra tout simple à quelques personnes, et ce qui pourtant ne se renouvellerait peut-être pas aujourd'hui. C'est le *nec plus ultrà* des opinions vraiment libérales dans un corps de noblesse quelconque. Ici le duc de l'Infantado est l'opposé du duc de Saint-Simon.

François Ier fut festoyé plusieurs jours de suite ; rien n'y manqua, festins, bals, tournois, jeux de bague, et même combats de bêtes féroces. Don Diego avait une ménagerie ; c'était un genre de luxe convenable à son rang (*ostentacion de grandeza*). Il entretenait à grands frais des ours, des lions, des tigres ; on dressa une arène ; un lion fut lancé contre un taureau ; le spectacle ne réussit point ; les deux adversaires ne voulurent jamais combattre, on attendit quelque temps ; enfin la compagnie se retira de guerre lasse. A peine le roi était-il parti et le lion rentré dans sa cage qu'un incident imprévu jeta la terreur dans le palais ; un autre lion, ou peut-être le même, devenu moins apathique, s'échappa furieux, et s'arrêta tout court à la porte du Patio. Tous les assistans se levèrent en poussant des cris ; aussitôt le majordome de service, homme d'un grand courage et d'une présence d'esprit admirable, se précipita sur une torche enflammée, l'arracha d'une main, saisit son épée de l'autre, et marcha droit au lion. L'animal, épouvanté par le feu, s'enfuit en rugissant jusqu'à sa tanière, où le brave majordome l'enferma de l'air du monde le plus calme. Prouesse digne d'éternelle mémoire, s'écrie le chroniqueur : on pourrait ajouter, sujet d'un joli tableau de genre.

Enfin, après une suite non interrompue de galanteries et de magnificences, François Ier prit congé de son hôte. « Duc, lui dit-il en le quittant, un vassal tel que vous me prouve mieux que tout le reste la grandeur de l'Empereur, mon frère. » Ce même don Diego de Mendoça fut choisi depuis par Charles-Quint, pour lui servir de témoin dans son duel avec le roi de France. Toutes ces scènes à la Walter Scott se sont passées dans un très-beau lieu; il subsiste encore, moins dégradé par le temps que déshonoré par le voisinage de constructions triviales; son architecture est moitié arabe, moitié gothique; ce genre n'est pas pur, il n'a pas l'élégance du moresque, mais il se prête à des proportions plus nobles. Le palais de l'Infantado a été bâti par des ouvriers maures.

La domination de ces infidèles a laissé des traces ineffaçables. Tandis que l'Espagne chrétienne mettait sa souveraine gloire à se bien battre, que des landes en friche passaient, chez les *ricos hombres*, pour des titres de noblesse, l'Espagne mahométane, libre de préjugés féodaux, s'enrichissait par un labeur opiniâtre; le climat secondait les Maures, mais ils aidaient au climat. Si j'ai peu de foi dans leurs vingt mille villages semés sur les bords du Guadalquivir, je crois fermement à leur supériorité en agriculture et en industrie. C'est chez eux qu'on trouve le germe d'une foule de perfectionnemens matériels. Leurs systèmes économiques subsistent encore partout où ils les ont introduits; ils ont eu des idées très-ingénieuses, témoin la conservation des grains dans les silos. M. Ternaux ignore peut-être qu'il doit ses succès aux musulmans de Burjasot près de Valence. Les canaux d'irrigation creusés par eux fertilisent encore les champs de ce beau royaume ; je ne parle pas d'une multitude de ponts, d'aqueducs, monumens moins somptueux, mais aussi durables que ceux des Romains. Les Maures se sont tournés de préférence vers les arts utiles et les connaissances positives ; leur esprit était avant tout propre aux combinaisons et aux calculs. Ils ont cultivé l'astronomie, les mathématiques et la médecine; la géographie leur doit ses premiers progrès; eux seuls ont donné aux globes et aux cartes cette exactitude qui fixe la position d'une petite rivière, d'un hameau, d'une ville sans importance. On conserve à l'Escurial un livre arabe sur la géographie de l'Afrique, où la place du puits et des fontaines est indiquée avec beaucoup de soin. Ceux qui aiment les généalogies par filiations suivies, ceux surtout dont l'amour-propre en profite, peuvent adresser leurs remerciemens à l'exactitude des Maures. Elle s'est signalée par une autre invention plus généralement utile, celle des dictionnaires. Quant à la philosophie, quoique traducteurs d'Aristote, ils lui ont fait plus de mal que de bien ; ils dénaturèrent complétement son caractère primitif; elle perdit entre leurs mains la simplicité des premiers âges, la fleur d'imagination dont Platon l'avait embellie ; elle devint subtile, minutieuse, subdivisée, pleine de syllogismes, hérissée d'arguties. Grace aux savans de Cordoue, Aristote finit par être inintelligible; et comme le respect qu'on lui voua s'accrut en proportion de son obscurité, l'admiration de ses zélateurs alla jusqu'au fanatisme ; les bûchers s'allumèrent en son honneur. Ramus périt en France parce qu'il y avait eu des chaires de philosophie en Espagne. On voit par cet aperçu qu'un grand mouvement intellectuel fut imprimé par les Maures; ils contribuèrent à répandre les sciences, mais ne surent pas les épurer. Curieux, subtils, amis des nomenclatures et des nombres, ils donnèrent à tout une symétrie apparente; attachés à la forme, sans pénétrer jusqu'au fond des choses, ils affublèrent la raison d'une armure bizarre, et mirent l'intelligence humaine en équation algébrique.

Ce goût pour la symétrie n'abandonna jamais les Maures; ils le portèrent même dans les arts, la littérature; leur poésie est trop recherchée, trop ingénieuse; on dirait des combinaisons de couleurs comme les grains de verre d'un kaléidoscope; elle est pleine de travail, et parfois vide de sens. C'est une sorte d'exaltation à froid, une exagération d'amour, de dévouement, de courage, digne de mademoiselle de Scudéry, et de M. de Florian, son fade successeur; là jamais de méditation, jamais de retour sur soi-même, aucun élan vers la Divinité; dans la poésie vraiment digne de ce nom, l'effet des images riantes est doublé par une pensée grave, jetée comme au hasard. Le ton des romances mauresques est trop uniformément brillant. D'ailleurs, le respect pour les femmes ne résulte nullement des mœurs mahométanes; il y forme même une anomalie évidente; chez les Maures, ce n'est pas un trait de nature, mais une élégance apprise, une grace de la seconde main; le voisinage d'un peuple chrétien, chevaleresque, leur a donné ce caractère factice. Ils ont émancipé les femmes, poétiquement parlant. Esclaves en réalité, ils font semblant de les traîter en reines, le tout par esprit d'imitation, par mode, par vanité. Aussi leurs Zaydé, leurs Lindaraxa, leurs Zélinda, leurs Zoraïdé, ressemblent un peu aux Philis, aux Iris de nos vieux sonnets; c'est la carte de Tendre et de Petits Soins au milieu de la barbarie africaine; c'est la Guirlande de Julie traînée dans des ruisseaux de sang. Beaucoup de bruit, de fanfaronnade, de sensualité, des berceaux d'orangers, des fleurs, des fontaines jaillissantes, mais rien d'intime, rien de religieux, toujours la volupté singeant la tendresse. On a trop vanté l'imagination des Maures; l'Alhambra en est à la fois le plus beau résultat et la plus brillante image. Quelle élégance dans ces faisceaux de légères colonnes! Quelle ingénieuse industrie dans ces arabesques toujours variés, toujours gracieux! Notre grand poète [1] a raison: cela ressemble à *ces étoffes d'Orient que brode dans l'ennui du harem, le caprice d'une femme esclave*, ces salles, cette cour des lions, ces bains, ce *mirador*, seraient en effet *l'habitation des génies*, si les proportions de l'édifice répondaient à ses ornemens. Mais que l'ensemble en est petit, rétréci, mesquin! Quelle absence de grandiose! Que voilà bien le séjour d'un despote voluptueux! Des divans s'étendaient sans doute autour de ces frêles galeries; là les derniers rois maures fumaient nonchalamment leur pipe au milieu des femmes, des eunuques et des pages. Une seule idée élevée peut naître dans l'ame à la vue de cet édifice: le souvenir de la conquête de Grenade. Ferdinand et Isabelle, leur cour bardée de fer, s'agenouillent devant un autel fait à la hâte; le *Te*

1. Voyez *le dernier Abencerrage*. Cette charmante nouvelle est très-goûtée en Espagne; elle y est traduite et apprise par cœur. L'Alhambra s'est bien trouvé d'avoir été décrit par M. de Chateaubriand; néanmoins, malgré des défauts réels, ce monument produit un effet admirable surtout par sa situation; cette merveille d'architecture délicate s'élève au-dessus d'un des plus beaux paysages qu'il soit possible de voir. Tous les points de vue sont enchanteurs; la partie de l'Alhambra qui existe ne formait sans doute qu'un pavillon d'été, le palais des rois maures devait être plus étendu, et moins exposé aux intempéries de l'air. J'y ai senti un froid glacial dans les premiers jours du mois de mai. Il tombait en ruines avant l'invasion française: on doit sa conservation au général Sébastiani qui a tant fait pour Grenade. Maintenant un officier, portant le titre de gouverneur, est préposé à sa garde; il l'entretient, le conserve avec beaucoup de soin, sans avoir recours au badigeonnage de chaux et de plâtre qui défigure l'Alcazar de Séville.

Deum retentit dans ce cloître profane. Un pareil tableau agrandit l'Alhambra; d'élégant qu'il était, l'Alhambra devient sublime.

La Castille, les vieux chrétiens, telle est la vraie source de la poésie espagnole. Le romanesque des Maures disparaît devant le romantique des Castillans. Là, sont les combats si nobles, si dramatiques, de l'honneur et de l'amour. Là, l'austérité de la religion est adoucie par la tendresse du cœur, tandis que les faiblesses mêmes empruntent je ne sais quelle gravité douce, au sentiment religieux. La mort pour le guerrier chrétien n'y est point la fin de toute existence, c'est la certitude d'un avenir glorieux conquis à la pointe de l'épée; j'ai vu, près de Burgos, la tombe grossière de Rodrigue et de Chimène; elle s'élève, seule, au milieu d'une chapelle; aucune tombe, en effet, ne devait l'accompagner; mais les armoiries des parens, des amis de Rodrigue sont appendues le long des murs; il y a, parmi tous ces noms, des princes, des reines et des rois; ce cortège est digne du Cid. On a mille fois admiré le caractère des romances consacrées à ce héros; c'est une Iliade catholique dont tout un peuple a été l'Homère. Qu'on me permette encore une comparaison pour mieux éclaircir ma pensée. La poésie de l'Espagne chrétienne ne ressemble-t-elle pas à ces cathédrales de Séville et de Tolède, à la fois riches et vastes ? L'œil s'élève à peine à la hauteur des piliers qui se perdent dans une voûte immense; l'or, le marbre, la peinture brillent de toutes parts; plus rapprochés, ils feraient admirer leur élégance, mais perdus dans l'espace, ils contribuent à la terreur religieuse de l'ensemble; le cœur est assailli de pensées graves; Murillo même ne parvient pas à le distraire.... Tout à coup une petite porte s'entr'ouvre; on aperçoit la cour plantée d'orangers, la fontaine de marbre, les enfans qui jouent auprès; un gai rayon de soleil s'échappe d'un ciel sans tache, et se perd dans les grilles des chapelles latérales; l'air apporte des parfums suaves; mais ce prestige ne dure qu'un moment, la porte se referme, et l'église se replonge dans sa mystérieuse obscurité.

La poésie est le miroir où se réfléchit le moral des peuples; c'est dans le nord de l'Espagne, dans les Asturies, dans les deux Castilles, qu'il faut chercher cet esprit public qui a défié l'Islamisme et Napoléon. Les habitans de ces provinces ne veulent pas être confondus avec leurs frères du midi; ils leur accordent la vivacité, le mouvement, la grace, un beau ciel, l'amour des plaisirs; ils gardent pour eux-mêmes l'inflexibilité de caractère, et ce sang des vieux chrétiens, source de leur enthousiasme. Au fond, les Castillans méprisent les Andalous. Ce sang maure qui coule dans les veines des méridionaux inspire aux fils des Goths un invincible éloignement. La Castille a beau être triste, monotone, déserte; l'habitant de Burgos ou de Ségovie se croit très-préférable au majo de Séville ou au vigneron de Xerès.

Il serait ridicule de porter un jugement définitif sur des provinces entières; mais à prendre les résultats généraux, la population du nord de l'Espagne surpasse en énergie les riverains de la Méditerranée: l'histoire le prouve, et n'est pas démentie par le premier coup d'œil de l'observateur. Le Castillan est sombre, sévère, peu communicatif; enveloppé dans un manteau de laine brune, il attache, sur l'étranger qui passe, un regard fier et méprisant. Son attitude rebute, mais n'a rien qui lui fasse tort. L'Andalou, au contraire, est sémillant, familier; mais jusqu'à son costume, tout en lui est théâtral, baladin, fanfaron; il se dessine, il se pose sur la hanche, il rit pour montrer de belles dents. Toute sa personne, empreinte d'une fausse grace, semble dire : «regardez-moi.»

Quant à l'Andalousie, elle a une ressemblance marquée avec les Maures ses anciens maîtres; comme eux, elle a été trop vantée par les poètes; c'est moins un beau pays que le cadre d'un beau pays; les mouvemens de terrain sont heureux, mais l'homme ne les a pas embellis; les aloès, les cactus et autres végétaux des tropiques ne suppléent pas au manque d'arbres de haute futaie; les banlieues des villes sont très-belles, surtout celle de Grenade; mais cela ne constitue pas une contrée. Les *vega*, les *huerta*, véritables oasis, s'élèvent comme des corbeilles de fruits et de fleurs, du fond d'un affreux désert. La *vega* de Grenade est réellement enchanteresse; c'est la Touraine enchâssée dans la Suisse, et éclairée par un ciel d'Italie. En revanche, sur toute la route de Malaga, sauf les entours de cette ville et de Loxa, on ne voit que plaines sablonneuses et montagnes pelées. La cité de Grenade est charmante; le royaume de Grenade est un des plus tristes coins de l'univers.

Combien l'Italie est supérieure à l'Espagne! où trouver ici cette diversité pittoresque, cet aspect d'une belle nature toujours en harmonie avec les arts? Les mers de la Bétique se brisent sur des grèves nues et sauvages : le paysage n'en est point embelli, mais attristé. Quelle différence des sables de Cadix à la riche verdure de Naples!... l'Italie respire la Grèce, l'Espagne est imprégnée d'Afrique. Sans doute l'aimable princesse [1] qui va monter sur son trône, trouvera dans le bonheur d'un peuple une compensation suffisante à ses souvenirs; mais ils ne l'en poursuivront pas moins, et sa nouvelle patrie lui fera souvent regretter la première.

La vraie parure de ce sol ingrat est dans ses villes; les principales sont vastes, majestueuses et du plus grand caractère. Je n'entrerai point dans des détails qu'on peut trouver partout; je ne puis m'empêcher ce-

1. Marie-Christine de Naples, princesse jeune et belle, qui exercera probablement une influence bienfaisante sur le pays où elle va régner.

pendant de donner encore un coup d'œil à Séville, véritable capitale de l'Espagne, traversée par un fleuve superbe et si remplie de beaux édifices que la manufacture de cigares est un palais digne des rois. Comment Madrid a-t-il pu lui être préféré? La translation de la capitale à Séville, projetée par Philippe V, serait déjà faite si trois argumens irrésistibles ne plaidaient pour Madrid : l'Escurial, Saint-Ildephonse et Aranjuès empêcheront toujours sa déchéance.

La Catalogne et le royaume de Valence ont aussi une physionomie à part. Je n'ai point été jusqu'à Barcelonne, mais j'ai vu la *huerta* de Valence, chef-d'œuvre de culture, accord parfait de l'industrie humaine et des bienfaits du climat. Qu'on se représente, sous un ciel toujours serein, une vaste plaine couverte de toutes les productions de la terre, des épis d'une hauteur prodigieuse, qui mûrissent entre les palmiers et les aloës. Ce paysage, d'un aspect antique, est animé par des personnages de bas-relief : ce sont des hommes à la large poitrine, aux jambes nues, les pieds chaussés de cothurnes, les mains armées du bâton pastoral, et portant, sur leur tête noire de hâle, un immense bonnet phrygien. On croit voir en action un livre des Géorgiques de Virgile. Le climat de Valence est réellement délicieux; l'extrême chaleur ne s'y fait jamais sentir; mais ce qui en fait surtout le charme, c'est la douceur de ses nuits. Les ténèbres arrivent très-vite; on n'y jouit point de ces couchers de soleil qui s'étendent lentement sur nos vallées, sur nos montagnes et les dorent de mille couleurs. Ce spectacle est réservé aux pays tempérés. La lune est l'astre de l'Espagne, elle la venge du soleil. Dans nos climats à demi septentrionaux, sa clarté jette un voile sur les objets, elle permet à peine de les distinguer, et les dénature presque entièrement. Ici les lignes des édifices, des montagnes, les contours des arbres, les bornes du sol, ressortent aussi nets, aussi arrêtés qu'en plein midi. Les dimensions des objets s'agrandissent, les formes s'idéalisent sans se confondre; elles prennent quelque chose de svelte, de limpide, je ne sais quelle grace aérienne qui n'a rien de mélancolique, mais qui transporte dans un monde merveilleux; ce n'est point le jour, ce n'est point la nuit, c'est la lumière du royaume de féerie, c'est le rendez-vous de Titania, de Puck, d'Oberon, de tous ces sylphes du *Midsummer-Night-Dream* [1], dont les vignettes anglaises ont si bien saisi la mystérieuse apparence. On croit entendre au loin les derniers sons d'une fête singulière; les mouches brillantes qui voltigent çà et là, dans des buissons de sauge et d'aubépine, semblent les dernières lueurs d'une illumination magique. Il n'y a rien, je le proteste, d'exagéré dans la peinture de ces sensations; on en est un peu honteux, mais il n'est pas aisé de s'en défendre. Je me rappellerai toujours le jardin d'Albérique, sur la route de Madrid à Valence; c'est un des nombreux domaines des ducs de l'Infantado. Je le traversais à minuit; le vague des rayons qui l'éclairaient lui donnait l'effet d'un songe. Les palmiers paraissaient immenses, j'aurais certifié qu'ils se perdaient dans les airs; les orangers prenaient la stature des chênes, et les bornes de ce jardin, assez petit d'ailleurs, s'étendaient démesurément, au gré de l'imagination fascinée par la vue. Je me croyais dans une forêt de l'Inde. En dépit de l'heure, je mis pied à terre, comme pour m'assurer de la réalité de cette apparition. Ma curiosité ne plaisait guère à mes guides; ils commencèrent par murmurer, et finirent par se mettre à rire; ils ne se moquaient pas de ma contemplation intempestive, mais de trois femmes qui venaient à nous en chantant. Il y avait une petite pyramide assez basse sur le bord de la grande route; dès que ces femmes

1. Comédie de Shakspeare.

y furent parvenues, elles gardèrent tout à coup le silence, et ne reprirent leurs chansons qu'après l'avoir dépassée. Cette interruption m'étonna : je m'approchai de la pyramide, et j'y distinguai parfaitement, au fond d'une espèce de niche, une tête de mort clouée dans une lanterne. C'est le crâne de Gato, fameux brigand, jadis la terreur de la contrée. La maison où il assassina une famille entière est marquée d'une croix rouge; tout cet appareil est fondé à perpétuité pour effrayer les Valenciens. Ce peuple passe en effet pour le plus féroce de l'Espagne; l'expression de ses traits le témoigne assez. Il joint la ruse à la cruauté, un esprit léger et subtil à une ame vindicative. Les brigands y abondent; le gibet est en permanence sur la grande place du marché. L'amalgame du gracieux et du terrible se retrouve ici à chaque pas; les potences, les têtes de mort, *les garrotte*, s'y mêlent journellement au parfum des citronniers et des roses. Ces contrastes, si chers à nos romantiques, ne sont à Paris qu'une forme de littérature; ici c'est quelquefois un raffinement de vengeance.

Le général Elio, l'un des chefs du parti royaliste, a été étranglé publiquement dans le jardin qu'il avait planté, au pied de l'arbre sous lequel il faisait sa méridienne, et en face du kiosque où il prenait son chocolat. Le jour même de son supplice, on vendit dans les rues une gravure qui représentait cet évènement avec l'inscription que voici : *Esta suerte le à cavido al general Francisco Xavier Eliò con su gusto mio.* « Ainsi « vient de périr Elio, à ma grande satisfaction. » J'ai la gravure entre les mains. Deux ou trois ans après, l'archevêque de Valence a fait pendre un imbécile qui se disait athée. Les journaux en ont retenti.

Albacète est une petite ville du royaume de Murcie, voisine des frontières de Valence, et connue par ses coutelleries; c'est le Châtellerault de l'Espagne. On n'y est point assailli par une nuée de femmes et d'enfans qui grimpent jusque dans les voitures pour y jeter des canifs et des ciseaux. Le fabricant d'Albacète est plus discret; il attend avec calme que le voyageur soit descendu, s'avance d'un air grave, s'explique en peu de mots, et présente d'excellens poignards.

Nulle part, même à Rome, je n'ai rencontré autant de moines qu'à Valence. Les processions s'y croisent journellement dans les rues : les églises, comme dans toute l'Espagne, y resplendissent de marbre et d'or. L'inquisition était aussi inutile qu'atroce. Jamais le protestantisme n'aurait pu s'établir chez un peuple sobre, mais sensuel, qui se dédommage des haillons qu'il porte par les dorures qu'il trouve dans les églises. Jamais Calvin ou Zwingle ne se seraient fait entendre de ces étudians, de ces paysans, de ces femmes qui remplissent les rues, les places, les balcons, et montent sur les toits pour voir passer, à peu près tous les quinze jours, saint Michel en tonnelet, sainte Justine en panier de toile d'or, saint Jacques l'apôtre avec la croix de Calatrava et la madone, en robe à queue, tenant un mouchoir à la main et pleurant de bonne grace, comme une veuve de qualité.

En Espagne, les moines, les prêtres n'ont rien de triste ni de morose; ils reçoivent les étrangers avec une bonhomie qui vaut mieux que la politesse; ils montrent volontiers leurs galeries, leurs bibliothèques, répondent très-patiemment à des questions souvent indiscrètes, et s'expriment en gens du monde sans sortir des bienséances de leur état. Ils ne se livrent point à l'humeur bilieuse, à la morgue hostile qu'on rencontre parfois dans le clergé d'un autre pays. La raison en est simple; l'ambition satisfaite entretient le calme. Les uns disputent le pouvoir, les autres en jouissent.

Ecclésiastiques ou séculiers, habitans du nord et

du midi, différences d'état et de provinces, d'habits comme de séjour, tout dans ce pays porte une empreinte individuelle; ces mœurs, ces costumes, ces physionomies, ont déjà pris la vie sous la main d'un Cervantes; plus de la moitié du chemin est faite; pour fermer la carrière il faudrait un Walter Scott. Si la pauvre Écosse, assez pittoresque, mais un peu monotone, et sans histoire européenne avant Marie Stuart, a pu, malgré tous ces désavantages, fournir des sujets intéressans à un grand peintre, quelle ressource ne trouverait-il pas dans cette Ibérie si féconde en actions depuis les Romains jusqu'à nos jours! Il faudrait non pas un froid copiste du romancier anglais, mais un peintre créateur qui, né en Espagne, seul moyen de la bien connaître et de l'aimer, aurait voyagé en Europe. La noblesse et le tiers-état, tels qu'ils existent maintenant, lui donneraient peu de tableaux, c'est au politique à les observer; le peintre n'y verrait que ce qui est partout, à cela près qu'en Espagne les passions sont plus vives et les dehors plus froids qu'ailleurs. Un étranger débarque à Paris et tombe au milieu d'un *rout* ou d'un bal; il voit une jeune femme s'agiter sans cesse, s'asseoir, se lever, se rasseoir, passer d'un salon à l'autre, au bras d'un jeune homme, causer et rire avec lui; l'étranger décide que ce couple est fort bien ensemble et se trompe complètement. Il entre dans un salon espagnol; il voit une rangée de femmes immobiles, assises sur des banquettes le long de la muraille, et ne disant un mot à ame qui vive : il en conclut qu'ici personne ne s'intéresse à personne. Cette fois se trompe-t-il encore?

La bonne compagnie est partout sans relief. En Espagne le pittoresque est dans les rues: les moines, les bohémiens, les torreros, les étudians, les manolas, les miquelets, les voleurs, telle est la mine à exploiter. Je recommande surtout les miquelets et les voleurs!...

Ces deux classes d'hommes se font une guerre éminemment originale; j'ai vu les premiers de très-près, et c'est grace à eux que je n'en puis pas dire autant des autres.

Les miquelets forment la garde particulière des capitaines-généraux ou gouverneurs de province; elle n'est composée que d'hommes vigoureux, dans la force de l'âge, et d'une moralité éprouvée; ils font la police du pays, et tiennent en cela de nos gendarmes; mais ils leur ressemblent comme la poésie à la prose. Leur dévouement à leur chef est sans bornes; il est implicite, dégagé de toute objection, allant même jusqu'au fanatisme, à la manière des soldats du Vieux de la Montagne; mais loin d'être des *assassins* comme leurs devanciers, ce sont eux qui poursuivent les contrebandiers et les brigands. Sobres, infatigables, ils les harcèlent nuit et jour dans les plaines, dans les bois, au cœur des rochers les plus sauvages. Dans notre course de Cadix à Malaga, nous fûmes escortés par un détachement de cette brave milice. J'y compris une vérité dont on n'est pas généralement persuadé, c'est qu'avec des chefs habiles, l'Espagnol pourrait devenir le meilleur soldat de l'Europe. Le miquelet de Séville marche des journées entières sans se fatiguer un moment; il devance le pas des mules, saute de rocher en rocher toujours chantant, toujours riant, frais et dispos au retour comme à l'heure du départ. Quant à son repas, il le porte dans ses poches : c'est une orange, un morceau de pain, du fromage par extraordinaire; et si les voyageurs qu'il accompagne y ajoutent quelques croûtes de pâté et un verre de vin, sa reconnaissance est excessive, il se jetterait au feu pour eux. Ce peuple est foncièrement bon; l'absence d'une saine morale lâche la bride à ses passions; une instruction religieuse bien dirigée pourrait tempérer sa fougue. Nos hommes s'étaient fort attachés à nous; cette communauté d'existence, plusieurs jours de suite, semblait avoir beaucoup d'attrait pour eux. Nous avions passé ensemble une nuit entière à la belle étoile en vue de Gibraltar, dans un désert épouvantable, au sortir d'une forêt, et hors de tout chemin frayé; ils avaient été avec nous à la découverte d'une source; ils nous avaient aidés à allumer de grands feux; ils avaient bu, mangé avec nous; nous étions devenus leurs frères. C'est l'impression du désert et de la tente; elle est gravée à jamais dans le cœur de l'Arabe; elle a résisté aux mosquées de marbre, aux voluptés du Généralife, aux syllogismes de l'école, au christianisme lui-même. Le sang arabe coule toujours dans les veines de l'Andalou.

Le costume des miquelets est à peu près celui de Figaro, ou plutôt de *Majo*, modifié par les convenances militaires: il consiste en un petit chapeau rond, une veste courte, une culotte qui tombe à mi-jambe, et d'une couleur assez sévère; dans leur large ceinturon sonnent deux pistolets, un couteau de chasse et un poignard; un fusil est dans leurs mains. Ce sont pour la plupart de beaux hommes, très-bien faits, avec des traits prononcés, des yeux noirs, un air gai et bienveillant; cette dernière partie du signalement devient inexacte en face des contrebandiers. A leur seul nom le miquelet entre en fureur; il affecte de les dédaigner, mais l'excès même de ses hyperboles méprisantes parle en faveur de leur courage.

Les voleurs infestent l'Espagne; malgré les efforts de plusieurs capitaines-généraux, ce fléau n'est pas à son terme; il a diminué, il diminuera encore, peut-être ne sera-t-il jamais radicalement extirpé. On n'a pas affaire à des bandes, mais à des hameaux, à des villages, à des villes; Écija, par exemple, ville d'Andalousie, grande, bien bâtie, avec un pont digne d'une capitale, Écija est un réceptacle de brigands, connu généralement pour tel. Les accidens y arrivent sans cesse; c'est une chose reçue; on ne se donne plus la peine d'en parler. Il y a deux ou trois ans qu'une femme s'était mise à la tête de la bande; elle n'arrêtait que les hommes. Ces malheureux n'en étaient pas quittes pour la perte de leur valise; la mutilation remplaçait l'assassinat, car les voleurs d'Espagne ne tuent qu'à regret, et uniquement en cas d'attaque. Ils sont moins féroces que ceux des environs de Rome. L'établissement des diligences, soutenu et défrayé en partie par le gouvernement, n'était guère praticable avec les bandes qui couraient le pays. Il aurait fallu les détruire, les exterminer; la seule idée en parut chimérique. On trouva plus commode de traiter avec eux. Plusieurs voleurs, condamnés au gibet, reçurent leur grace à condition de grimper sur l'impériale des diligences, et de s'entendre avec les brigands en exercice, pour que le service public fût toujours respecté. L'accord se fit moyennant une somme annuelle très-considérable (100,000 francs, si je ne me trompe). Aussi depuis cet arrangement la diligence n'est presque jamais attaquée. Elle parcourt deux fois par semaine les routes de Séville et de Valence, s'arrête pour dîner, pour souper, et laisse reposer les voyageurs trois ou quatre heures dans la nuit. Les auberges, bien bâties, passablement approvisionnées, ne ressemblent plus aux *ventas* de Gilblas et de Guzman d'Alfarache; des œufs frais, des légumes, *le puchero*, mélange de viande et de pois-chiches, tiennent lieu du *civet de matou*. En dépit des oliviers, l'huile est toujours mauvaise, et le vin détestable; mais ce n'est pas la faute des messageries qui ont amené l'établissement d'assez bons gîtes, grace au traité de l'autorité avec les voleurs.

Quelques journaux ont raconté très-infidèlement l'aventure arrivée à l'ambassadrice de ***, sur la route de Séville à Madrid. Voici le fait: cette dame revenait d'Andalousie, par la diligence, qu'elle avait louée tout entière; elle était accompagnée d'une nombreuse société. La caravane n'avait essuyé aucun accident dans tout le cours d'un voyage si hardi pour une femme, lorsqu'au sortir de la Sierra-Morena, entre deux bourgades de la Manche (Almuradiel et Santa-Cruz), le cocher arrêta ses chevaux tout court, et cria, d'une voix étouffée, *abajo! las armas!* (descendez! aux armes!) On était au mois de mai, en plein jour, entre trois et quatre heures du soir, dans une plaine sans arbres, ouverte de tous côtés. Les voyageurs aperçurent, en effet, plusieurs hommes à cheval; les guides, qui se connaissaient en voleurs, annoncèrent l'approche de leurs anciens camarades; quelques jeunes gens saisirent vivement des escopettes, mais madame *** leur fit signe de les quitter, et, loin de perdre la tête, montra beaucoup de sang-froid et de prudence, et déclara qu'il fallait composer avec les brigands. Sa présence d'esprit prévint une catastrophe. Au premier coup de fusil, un engagement devenait inévitable. Le chef des brigands, d'une figure noble, mais sauvage, avait à peine vingt-deux ans; il était parfaitement équipé; il montait un fort beau cheval. Un des guides alla droit à lui, par l'ordre de madame ***, et lui demanda s'il prétendait attaquer la voiture publique. « Ce n'est point mon intention, répondit-il, je ne vous ferai pas de mal à vous autres, si vous ne me gênez pas? — Qu'entends-tu par là? — Vois-tu ces galères [1] dans la plaine? nous les dévalisons depuis une heure; si vous ne nous troublez point, passez. » En effet, sept ou huit hommes dépouillaient, à quelques pas de là, des voitures chargées de marchandises. Le guide rapporta *l'ultimatum* des voleurs; ils étaient en force, il fallut bien capituler. La diligence se remit donc en marche; elle

1. Galères, voitures de rouliers.

passa au petit pas entre les deux voitures volées; les brigands les débarrassaient en silence, sans hâte, sans brusquerie, tandis que les pauvres spoliés, assis au pied d'un tertre, les regardaient faire de l'air du monde le plus tranquille. Il y avait, parmi eux, des femmes, des enfans, un moine, un jeune soldat; tous semblaient indifférens et désintéressés dans la question. On les aurait pris pour des gens qui se reposaient après un déjeuner sur l'herbe.

Arrivée à Santa-Cruz, la voiture fut entourée des habitans du pays; les femmes s'étaient mises sur le pas de leur porte, et riaient sous cape; elles étaient sûrement du complot. Valdepenas, souvent cité dans Don Quichotte, est un des gîtes marqués pour les couchées. La diligence s'y arrêta comme à l'ordinaire. L'escorte devait y être changée : Apollinario en prenait le commandement. Ce personnage, très-peu connu à la Chaussée-d'Antin, fait beaucoup de bruit dans la Manche. Il avait été naguère la terreur des grandes routes. Ses exploits égalaient ceux de Cartouche; cependant il n'a jamais tué personne; du moins il m'en a donné sa parole d'honneur. Un soir, sur la brune, l'évêque de Jaën passait en pompeux équipage; Apollinario lui mit le pistolet sur la gorge; l'évêque répliqua par un sermon très-pathétique; le pécheur, touché jusqu'aux larmes, se jeta aux pieds du prélat, lui promit de changer de vie, reçut sa bénédiction, et courut s'arranger avec le gouvernement pour escorter la diligence. On agréa ses offres; il s'acquitta très-bien de l'emploi d'honnête homme, et ne tarda pas à y acquérir une certaine considération. Son extérieur n'a rien de remarquable; ses traits ne sont pas d'un Antinoüs, mais sa vigueur est d'un Hercule. Il fumait un cigare dans la cuisine de l'auberge de Valdepenas, lorsqu'un des voyageurs arrivés avec madame *** entra et se plaignit de l'aventure des voleurs; leur marché avec la diligence aurait dû prévenir un coup de main. « Monsieur, répondit froidement Apollinario, vous avez bien raison, mais il faut pardonner quelque chose à la jeunesse. Ce garçon a voulu se donner un petit divertissement. Je lui avais bien recommandé de ne pas choisir le moment du passage de la *Senora Embajadora*, de peur d'incommoder Son Excellence; il a agi en homme mal élevé; il a eu tort, très-grand tort; je le verrai; je lui laverai la tête; mais excusez-le, c'est un jeune homme, un enfant de la montagne (*un hijo de la Sierra Morena*).»

Telle a été, mot pour mot, la réponse de cet ex-brigand; il est parti de là pour raconter ses anciennes prouesses, les bons tours qu'il a joués, les vols qu'il a faits; et cela, sans embarras, ni fanfaronnade, mais d'un air de bonhomme, d'un ton simple et naturel.

L'ambassadrice, désirant savoir les noms des personnes volées pour venir à leur secours, crut devoir écrire à l'alcade; Apollinario l'en dissuada. « Je ferai observer à Votre Excellence, lui dit-il, qu'il vaut mieux ne pas s'occuper de cette affaire; on avait dénoncé une espiéglerie de ce genre à un alcade d'ici près; il fit faire des perquisitions, on lui brûla sa vigne; il voulut continuer, on le brûla lui-même. »

Étrange état de choses! incroyable désordre! le vol au-dessus des lois! la société en proie aux brigands!..... Tant d'excès font horreur; mais ce mépris du danger, cette prodigalité de la vie n'est que l'abus du courage; il y a, sous cette écorce africaine, une sève que la civilisation tarirait peut-être; bien dirigée, elle a renouvelé les dévouemens de Numance et de Sagonte. Admirons l'Espagne avec grande restriction; ne la citons jamais comme un modèle, sous aucun rapport; mais pour la juger moins sévèrement, songeons à la guerre de l'*Indépendance*.

www.ingramcontent.com/pod-product-compliance
Ingram Content Group UK Ltd.
Pitfield, Milton Keynes, MK11 3LW, UK
UKHW012118240726
13965UKWH00005B/1829